Santoshkumar C. Kedar
K.M. Kumaranag
D.S. Bhujbal

Manual Prático de Insectos Pragas do Quiabeiro

Santoshkumar C. Kedar
K.M. Kumaranag
D.S. Bhujbal

Manual Prático de Insectos Pragas do Quiabeiro

Um guia de campo para identificação e gestão

ScienciaScripts

Imprint

Cover image: www.ingimage.com

This book is a translation from the original published under ISBN 978-3-659-79723-1.

Publisher:
Sciencia Scripts
is a trademark of
Dodo Books Indian Ocean Ltd. and OmniScriptum S.R.L publishing group

120 High Road, East Finchley, London, N2 9ED, United Kingdom
Str. Armeneasca 28/1, office 1, Chisinau MD-2012, Republic of Moldova, Europe
Printed at: see last page
ISBN: 978-620-8-33606-6

ÍNDICE DE CONTEÚDOS:

Prefácio

Os legumes constituem parte integrante de uma dieta equilibrada, sendo uma fonte importante de micronutrientes, vitaminas e minerais, desempenhando assim um papel vital na segurança nutricional. Entre as culturas hortícolas cultivadas comercialmente na Índia, o quiabo *[Abelmoschus esculentus* (L.) Moench] ocupa o sexto lugar em termos de área e produção, contribuindo o país com cerca de 73,25 por cento da produção total mundial. A cultura é popular em todo o mundo pelos seus frutos tenros e ricos em nutrientes, que são consumidos crus ou cozinhados. Para além da sua utilização como alimento, as vagens e as sementes são utilizadas para o fabrico de papel e biodiesel. Os principais Estados produtores de quiabo incluem Andhra Pradesh, Bengala Ocidental, Uttar Pradesh, Bihar, Assam, Orissa, Maharashtra e Karnataka. O complexo de pragas desta cultura varia de região para região, com um número de espécies registadas que oscila entre 13 e 72, dependendo das condições agro-climáticas.

A cultura do quiabeiro nas condições ecológicas da Índia é severamente infestada por pragas sugadoras, como a cigarrinha, *Amrasca biguttula biguttula* (Ishida), a mosca branca, *Bemisia tabaci* (Gennadius), o ácaro de duas pintas, *Tetranychus urticae* Koch e as brocas do rebento e do fruto, *Earias vittella* (Fabricius) e *Earias insulana.* Este manual prático contém informações sobre as principais pragas de insectos que danificam o quiabeiro. A identificação e a gestão de cada espécie são discutidas neste livro. As fotografias detalhadas que mostram os sintomas dos danos permitem uma rápida identificação dos problemas dos insectos pragas. Para cada praga, as práticas de gestão integrada de pragas também são descritas neste livro. O livro Practical manual of insect pests on okra: a field guide for identification and management será útil para os produtores de quiabo, extensionistas, estudantes e investigadores de todo o mundo para os ajudar a identificar os problemas de pragas de insectos e a sua gestão. As sugestões construtivas para o melhoramento do livro serão muito bem-vindas. Os comentários podem ser enviados para santoshkedar56@yahoo.com.

S.C. Kedar

K.M. Kumaranag

D.S. Bhujbal

Hisar (Haryana)

Índia

CAPÍTULO 1

Introdução

Os legumes constituem parte integrante de uma dieta equilibrada, sendo uma fonte importante de micronutrientes, vitaminas e minerais, pelo que desempenham um papel vital na segurança nutricional. Entre as culturas hortícolas cultivadas comercialmente na Índia, o quiabo *[Abelmoschus esculentus* (L.) Moench] ocupa o sexto lugar em termos de área e produção, contribuindo o país com cerca de 73,25 por cento da produção total mundial (Anónimo, 2013). A cultura é popular em todo o mundo pelos seus frutos tenros e nutricionalmente ricos, que são consumidos crus ou cozinhados. Para além da sua utilização como alimento, as vagens e as sementes são utilizadas para o fabrico de papel e biodiesel (Anwar, 2010). Além disso, a produção comercial de sementes de quiabo é um negócio remunerador, com uma procura crescente de sementes de qualidade entre os produtores de vegetais, devido à expansão da área cultivada com esta cultura orientada para a exportação. Os principais estados produtores de quiabo na Índia incluem Andhra Pradesh, Bengala Ocidental, Uttar Pradesh, Bihar, Assam, Orissa, Maharashtra e Karnataka (Anónimo, 2012). Entre os vários stresses bióticos e abióticos que limitaram o sucesso da cultura do quiabeiro, os danos causados por insectos pragas são importantes. O complexo de pragas desta cultura varia de região para região, com um número de espécies registadas que vai de 13 a 72, dependendo das condições agro-climáticas (Rao e Rajendran, 2003; Mandal *et al.,* 2006). No entanto, as pragas sugadoras como a cigarrinha *Amrasca biguttula biguttula* (Ishida), a mosca branca *Bemisia tabaci* (Gennadius), o ácaro de duas manchas *Tetranychus urticae* Koch e as brocas de rebentos e frutos *Earias vittella* (Fabricius) e *Earias insulana* (Boisduval) representam uma ameaça séria para a cultura do quiabeiro nas condições ecológicas da Índia (Sharma *et al.,* 2001). As ninfas e os adultos da cigarrinha desvitalizam a planta devido ao seu hábito alimentar intenso e à injeção de toxinas necróticas, reduzindo assim a assimilação de fotossintatos. Infestações severas desta praga por si só podem resultar em perdas de até 40-69 por cento na produção de frutos (Krishnaiah, 1980; Chaudhary e Dadeech, 1989) e 70,15 por cento de perdas evitáveis na produção de sementes (Rawat e Sahu, 1973). Para além dos danos diretos causados pela sucção de seiva, a mosca branca também actua como vetor de uma doença viral, o mosaico amarelo das veias de Bhendi (BYMV), que debilita completamente a planta, resultando em perdas de 90 por cento na produção de frutos em casos de forte incidência da doença. Adultos e ninfas de *T. urticae* sugam a seiva das folhas e removem uma quantidade suficiente de clorofila, reduzindo a fotossíntese e causando uma perda de 7 a 48% na produção de frutos de quiabo (Sarkar *et al.*, 1996; Sugeetha e Srinivasan, 1999; Kumaran *et al.*, 2007). As brocas de frutos e rebentos, *Earias* spp., causam danos mais graves à cultura, perfurando rebentos tenros, botões florais e frutos em desenvolvimento, o que faz com que os rebentos tenros sequem e caiam, ocorrendo uma forte queda de botões florais nas fases iniciais de crescimento. A infestação nos frutos em desenvolvimento resulta em vagens mal desenvolvidas e deformadas com manchas nas sementes. Só estes factores causam danos que variam entre 52,33 e 70,75 por cento (Pareek e Bhargava, 2003). Em geral, os danos globais devidos a insectos praga ascendem a 48,97% de perda no rendimento das vagens (Kanwar e Ameta, 2007). Este guia fornece informações completas aos produtores de quiabeiro e ao pessoal de extensão sobre as principais pragas de insectos do quiabeiro e a sua gestão, com fotografias. As práticas de gestão integrada de pragas (IPM) também são delineadas neste livro e proporcionarão uma gestão satisfatória e sustentável e podem ajudar os produtores de quiabeiro a diminuir a sua dependência de pesticidas químicos.

CAPÍTULO 2

Broca do rebento e do fruto

Earias vittella **(Fabricius),** ***E. insulana*** **(Boisd.)** (Lepidoptera: Noctuidae)

Ocorre no Paquistão, Índia, Sri Lanka, Bangladesh, Myanmar, Indonésia, Nova Guiné e Fiji.

Identificação

As mariposas *E. vittella* medem cerca de 2,5 cm de envergadura e apresentam uma estreita faixa longitudinal verde-clara no meio da asa anterior (Placa 1). Os ovos são de cor azul-celeste (placa 2). As lagartas adultas, de cor verde-escura, medem 2 cm de comprimento, têm pequenas cerdas robustas e uma série de manchas pretas longitudinais no corpo (placa 3a). As lagartas *de E. insulana* têm o corpo de cor creme com pontos cor de laranja no protórax (placa 3b).

Os adultos são mais pequenos do que *E. vitella.* As asas anteriores das mariposas são uniformemente de cor verde-amarelada pálida (placa 4).

História de vida

A traça fêmea põe 200-400 ovos durante a noite, isoladamente, nos botões florais e nas folhas tenras do quiabeiro. Os ovos são de cor azul celeste. Os ovos eclodem em 3-4 dias e a lagarta passa por 6 fases, tornando-se adulta em 1016 dias. A lagarta torna-se pupa nas plantas, no exterior dos frutos infestados ou no solo, num casulo em forma de barco, entre as folhas caídas, e as traças emergem em 8-14 dias (placa 5). O ciclo de vida completo termina em 1729 dias.

Danos

A incidência da broca dos frutos ocorre geralmente em condições húmidas após a precipitação. A fêmea adulta põe ovos individualmente nas folhas, nos botões florais e nos frutos tenros. As lagartas pequenas, de cor castanha, perfuram os rebentos tenros superiores e fazem um túnel para baixo, para o eixo principal, que murcham, caem e os pontos de crescimento são mortos e, mais tarde, perfuram os frutos e alimentam-se no seu interior (Placas 6, 7 e 8). Os furos são tapados com excrementos. Os frutos afectados tornam-se impróprios para consumo.

Gestão

Qualquer método isolado de gestão de pragas não conseguirá, por si só, atingir um nível de controlo aceitável para os produtores. Uma técnica simples e económica de gestão integrada das pragas (IPM) pode proporcionar um controlo satisfatório.

- Escolher cultivares resistentes ou moderadamente resistentes disponíveis na região. Por exemplo, variedades como AE 57, PMS 8, Parkins long green, Karnual special e PKX 9275 são variedades de origem indiana.
- Recolher e destruir os rebentos, botões, flores e frutos infestados a intervalos regulares e enterrados profundamente no solo.
- Instalar os iscos de feromonas sexuais FSB em armadilhas à razão de 10 armadilhas por hectare. Colocar as armadilhas ao nível do dossel ou ligeiramente acima do nível do dossel para uma atração eficaz. Instalar armadilhas luminosas para monitorizar as traças e a sua postura de ovos, à razão de 12 por hectare.
- Libertar o parasitoide de ovos, *Trichogramma chilonis*, e o parasitoide de larvas, *Chelonus blackburnii.*
- Libertação de larvas de primeiro instar de *Chrysoperla carnea* à razão de 1 lakh por hectare.
- Pulverizar a formulação *Bt*, como dipel, à taxa de 2 gramas por litro.
- A pulverização com quinalfos 25 EC (2 ml/litro de água) ou carbaril 50 WP (4 g/litro de água) ou extrato de semente de nim 5 por cento (NSKE 5 %) controla eficazmente a praga. Antes da pulverização, todas as partes da planta afectadas devem ser removidas.
- Remover os hospedeiros alternativos como *Hibiscus cannabinus, H. abelmoschus* e *Abutilon indicum* na zona cultivada.

Placa 1. ***Earias vittella*****- traças adultas acasalando**

Placa 2. *Earias vittella* - ovos

Placa 3. a) *Earias vittella;* b) *Earias insulana*

Placa 4. *Earias insulana,* traça adulta

Placa 5. *Earias* sp. Pupa

Placa 6. Rebento murcho de quiabeiro danificado por *Earias* sp.

Placa 7: Rebento seco de quiabeiro danificado por *Earias* sp.

Placa 8. Larva *de Earias vittella* a alimentar-se no rebento central da planta de quiabo

CAPÍTULO 3

Broca dos frutos

***Helicoverpa armigera* (Hubner)**

(Lepidoptera: Noctuidae)

A broca do fruto é cosmopolita e está amplamente distribuída na Índia.

Identificação

É uma traça castanha ou castanha-amarelada, de constituição robusta, com cerca de 20 mm de comprimento e manchas escuras que formam marcas em forma de V nas asas anteriores e uma mancha negra bem visível no centro (placa 9). As asas posteriores são claras e baças, com um bordo preto. A larva mede 35-45 mm de comprimento e é esverdeada com linhas cinzentas escuras quebradas ao longo dos lados do corpo.

História de vida

As fêmeas põem ovos isoladamente nas partes tenras das plantas (placas 10 e 11). Uma única fêmea adulta pode pôr 300-500 ovos em 4-7 dias. O período de incubação dos ovos é de 3-6 dias. O período larvar é de 13-18 dias. A larva adulta torna-se pupa no solo (placa 12). O período pupal dura 8-15 dias. Pode haver até 8 gerações sobrepostas num ano.

Danos

As larvas jovens, ao eclodirem, alimentam-se da folhagem durante algum tempo e depois penetram nos frutos com o corpo pendurado no exterior (placa 13). Os frutos afectados tornam-se impróprios para consumo.

Gestão

- Monitorização de pragas através de armadilhas luminosas e armadilhas com feromonas.
- Construção de poleiros para aves à razão de 25 por hectare.
- Recolher e destruir os frutos infectados e as larvas crescidas.
- Conservação e aumento dos predadores e parasitas naturais para um controlo eficaz da praga.
- Libertação inundativa do parasitoide de ovos, *Trichogramma chilonis*, a partir dos 42 dias após a sementeira, com intervalos semanais.
- Pulverizar carbaril 50 WP à taxa de 2 gramas por litro ou profenofos 50 EC à taxa de 0,05 por cento ou *Bacillus thuringiensis* var. *kurstaki* à taxa de 2 gramas por litro.

• Não pulverizar insecticidas após a maturidade dos frutos. Aplicar o vírus da poliedrose nuclear *(Ha* NPV) a uma taxa de 250-500 larvas equivalentes por hectare.

Placa 9. *Helicoverpa armigera* - traça adulta

Placa 10. *Helicoverpa armigera,* fêmea adulta a pôr ovos

Placa 11. *Helicoverpa armigera-* ovos

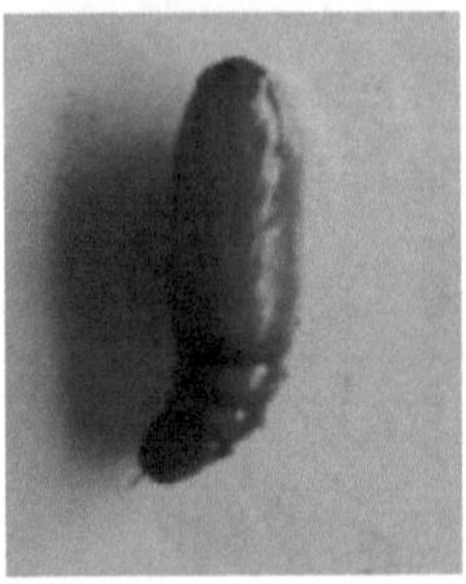

Placa 12. *Helicoverpa armigera* - pupa

Placa 13. Larva *de Helicoverpa armigera* alimentando-se de frutos de quiabo

CAPÍTULO 4

Lagarta comedora de folhas de tabaco

***Spodoptera litura* (Fabricius)**

(Lepidoptera: Noctuidae)

A Spodoptera litura é uma espécie polífaga conhecida por atacar culturas como a couve, a couve-flor, o cártamo, o girassol, o quiabo, o algodão, a couve-galega, o tomate, a malagueta, a rícino, a soja, etc.

Identificação

As traças têm cerca de 22 mm de comprimento e medem 40 mm nas asas abertas. A traça robusta tem marcas onduladas nas asas anteriores e as asas posteriores brancas com uma mancha castanha ao longo da margem. A lagarta adulta é robusta, cilíndrica e castanha esverdeada pálida com marcas. O corpo pode apresentar filas de manchas escuras ou bandas transversais e longitudinais cinzentas e amarelas.

Placa 14. *Spodoptera litura,* traça adulta

História de vida

A fêmea põe cerca de 300 ovos em cachos e as massas de ovos estão cobertas de pêlos de cor lustrosa obtidos do corpo da mãe (placa 15). Os ovos eclodem em cerca de 3-6 dias. As larvas alimentam-se de forma gregária durante os primeiros dias (placa 16) e depois dispersam-se para se alimentarem individualmente. Passam por 6 estádios e atingem a fase de alimentação completa em 16-30 dias. As larvas adultas entram no solo onde se transformam em pupas. A fase de pupa dura 7-14 dias e a traça, ao emergir, vive durante 7-10 dias. O ciclo de vida completa-se em 30-50 dias e a praga completa oito gerações num ano.

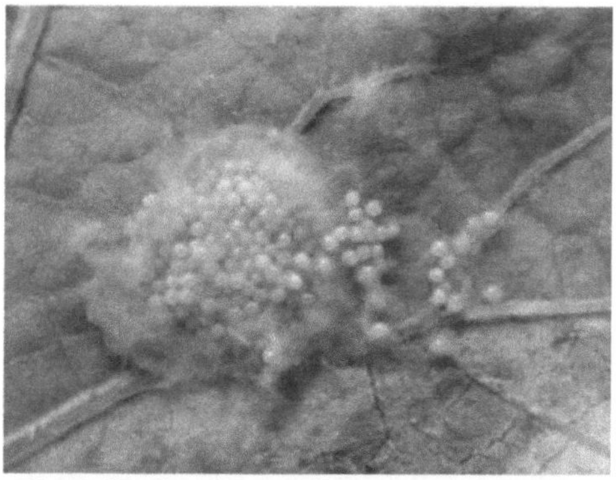

Placa 15. *Spodoptera litura,* massa de ovos

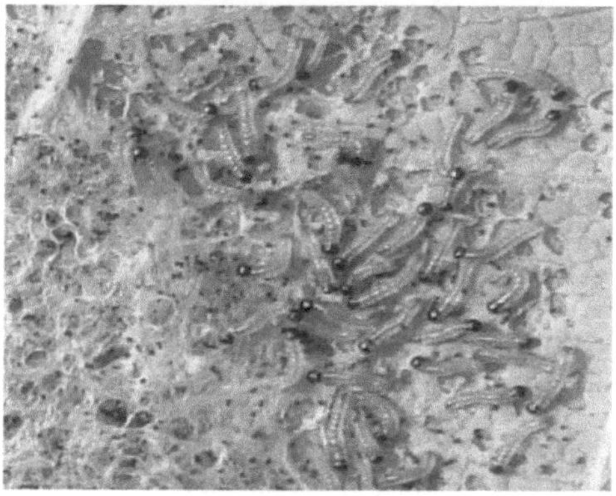

Placa 16. *Spodoptera litura,* larvas de instar inicial

Danos

A lagarta causa os estragos alimentando-se de folhas tenras (placa 17). São principalmente activas durante a noite e causam grandes danos. *A Spodoptera exigua* também causa danos à cultura do quiabo nalgumas regiões da Índia (placa 18)

Placa 17. *Spodoptera litura,* larvas

Placa 18. ***Spodoptera exigua,*** **larvas**

Gestão

- Saneamento do campo e lavoura profunda para matar as pupas no solo.
- Cultivar rícino ao longo da fronteira e do canal de irrigação como cultura armadilha.
- Apanha manual e destruição de larvas adultas.
- Instalar uma armadilha luminosa à razão de 1 por hectare.
- Instalar armadilhas com feromonas à razão de 15 por hectare para atrair as traças macho.
- Recolher e destruir as massas de ovos na mamona.
- Pulverizar *o SI* NPV à razão de 1,5 X 10^{12} POBs por hectare + 2,5 quilogramas de açúcar bruto + 0,1% de teepol.
- Pulverizar clorpirifos 20 CE a 2 litros por hectare ou tiodicarbe 75 WG à razão de 15 g por 10 litros de água ou quinalfos 25 CE à razão de 30 mililitros por 10 litros de água ou novalurão 8,8 SC à razão de 20 mililitros por 10 litros de água.

CAPÍTULO 5

Semi-looper verde

Anomis flava **(Fabricius)** (Lepidoptera: Noctuidae)

O semi-lóbio verde está amplamente distribuído pelas zonas de cultivo do algodão em África, na Ásia e na Austrália.

Identificação

O adulto é uma traça pequena e atraente, com asas anteriores castanho-avermelhadas atravessadas por duas bandas em ziguezague mais escuras. As asas posteriores são castanhas claras. A larva adulta mede 2,5-3,0 cm de comprimento e é verde-amarelada pálida com cinco linhas brancas dispostas longitudinalmente na superfície dorsal.

História de vida

O aparecimento das traças coincide com o aquecimento da estação. A fêmea deposita até 600 ovos nas folhas durante um período de oviposição de 812 dias. Os ovos eclodem em 4-5 dias.

As larvas, que se deslocam com um rastejar caraterístico em semi-lacuna, alimentam-se de folhas. Completam o seu desenvolvimento passando por 5 instares num período de 18-20 dias. Antes de se transformarem em pupas, formam um casulo solto, dentro das dobras das folhas ou entre os detritos do solo. O período de pupa dura 8-9 dias. As traças têm um tempo de vida de 12-13 dias e o ciclo de vida completa-se em 4-6 semanas. Mais de uma geração é completada numa estação de cultivo.

Danos

As larvas jovens reúnem-se em pequenos grupos, movem-se ativamente e alimentam-se da lâmina foliar fazendo pequenas perfurações. As larvas adultas alimentam-se vorazmente de todas as folhas, deixando as nervuras principais (placa 19). As lagartas comem também os rebentos tenros. Por vezes, o ataque é intenso e as plantas podem ficar completamente desfolhadas.

Gestão

- O mesmo que no caso da broca do fruto.

Placa 19. *Anomis flava* - larva

CAPÍTULO 6

Rolo de folhas

***Sy lepta derogata* (Fabricius)**

(Lepidoptera: Pyralidae)

O rolo das folhas está amplamente distribuído no Oriente e em África. Na Índia, ocorre em todas as áreas de cultivo de algodão, no quiabo e é uma praga esporádica importante.

Identificação

As traças são branco-amareladas, com manchas pretas e castanhas na cabeça e no tórax. Medem cerca de 28-40 mm na abertura das asas e têm uma série de linhas onduladas castanhas escuras nas asas. As lagartas são esverdeadas e medem 2,5-3,0 cm quando adultas.

Placa 20. *Sylepta derogata* - traça adulta

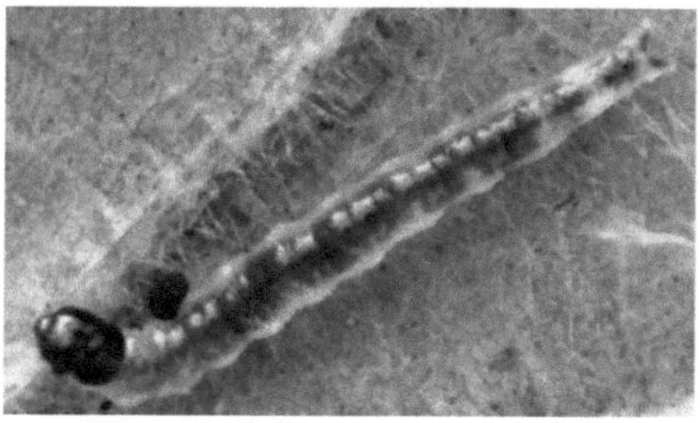

Placa 21. *Sylepta derogata* - larva

História de vida

A traça fêmea põe 200-300 ovos isoladamente na parte inferior das folhas. O período de incubação dos ovos é de 2-6 dias. O período larvar é de 15-35 dias. As pupas desenvolvem-se na planta, no interior das folhas enroladas ou entre os restos de plantas no solo (placa 22). A duração da fase de pupa é de 6 a 12 dias. Os adultos vivem durante uma semana. O ciclo de vida completa-se em 23-53 dias.

Placa 22. *Sylepta derogata* - pupa

Danos

As larvas alimentam-se das folhas do quiabeiro. Em caso de infestação grave, as plantas podem ficar completamente desfolhadas. As larvas jovens alimentam-se da epiderme inferior das folhas, enquanto as larvas mais velhas enrolam as folhas a partir dos bordos em direção à nervura central. **Manejo**

- As práticas de gestão adoptadas para a broca dos rebentos e dos frutos também se ocuparão da infestação do rolo das folhas.
- Evitar a cultura do quiabo à volta da cultura do algodão.

CAPÍTULO 7

Besouro das bolhas

***Mylabris pustulata* Thunberg**

(Coleoptera: Meloidae)

Estes escaravelhos são insectos de cores vivas que segregam um composto que contém cantharidina quando são perturbados. A cantharidina, um terpenóide, produz bolhas na pele humana após o contacto e, por isso, estes escaravelhos são designados por escaravelhos "bolha". Este escaravelho é altamente polífago e alimenta-se das flores de várias plantas das famílias Convolvulaceae, Cucurbitaceae, Leguminosae, Malvaceae, etc. Em geral, trata-se de uma praga pouco importante, embora possam ocorrer surtos ocasionais.

Identificação

O adulto mede cerca de 2,0-2,5 cm de comprimento e apresenta bandas alternadas vermelhas ou cor-de-rosa ou laranja e pretas na asa anterior (élitros).

História de vida

Cada fêmea põe cerca de 100-1000 ovos, dependendo da qualidade dos alimentos que ingere. Os ovos são geralmente depositados no solo. Após a eclosão, as larvas de instar inicial alimentam-se de insectos que vivem no solo, incluindo pragas, e não causam quaisquer danos à cultura. As larvas têm vários instares, com duas ou mais formas diferentes de larva. A larva móvel do primeiro instar é conhecida como triungulina porque tem três patas com garras. Durante os últimos instares, torna-se menos ativa e depois torna-se pupa.

Danos

O adulto é a fase destrutiva. Como os insectos se alimentam das partes reprodutoras das plantas, podem causar perdas significativas de rendimento.

Gestão

- Apanhar os escaravelhos à mão (usar luvas ou redes para insectos) e destruí-los.
- Os pesticidas químicos podem não ser eficazes, uma vez que o escaravelho da bolha é um inseto muito móvel. Os piretróides sintéticos podem ser utilizados para um efeito de abate rápido, mas apenas quando o escaravelho das bolhas ocorre em densidades

extremamente elevadas. Caso contrário, os piretróides sintéticos afectarão a eficácia de outras técnicas de gestão integrada da beringela.

Placa 23. *Mylabris pustulata* - escaravelhos adultos

CAPÍTULO 8

Jassídeos

***Amrasca biguttula biguttula* Ishida**

(Hemiptera: Cicadellidae)

Identificação

Os adultos são pequenos, com o corpo em forma de cunha, medindo cerca de 3 mm de comprimento, de cor amarela esverdeada, com uma mancha preta em cada asa anterior e uma mancha preta no vértice (Prato 24). As ninfas assemelham-se aos adultos, mas não têm asas (ver quadro 25). Em vez disso, têm as almofadas das asas ligeiramente alargadas. A sua cor é verde pálido. Tendem a deslocar-se na diagonal quando são perturbadas.

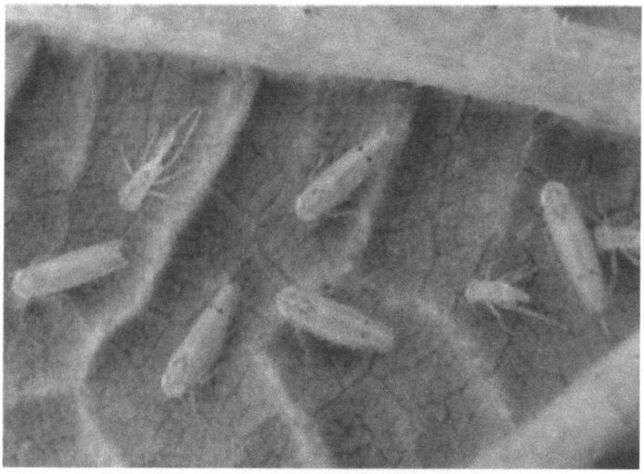

Placa 24. *Amrasca biguttula biguttula*- Adultos

Placa 25. *Amrasca biguttula biguttula* - Ninfas

História de vida

As fêmeas põem cerca de 15 ovos amarelados na face inferior das folhas, que se incrustam nas nervuras das folhas. Os ovos eclodem em 4-11 dias e dão origem a ninfas com forma de cunha e muito activas. As ninfas sugam o tecido celular da face inferior das folhas e passam por seis fases de crescimento em 7-21 dias. Quando se transformam em adultos alados, vivem durante 5 a 7 semanas, alimentando-se constantemente do sumo da planta.

Danos

Tanto as ninfas como os adultos sugam a seiva das superfícies inferiores das folhas através das suas peças bucais perfurantes e sugadoras. Enquanto sugam a seiva da planta, também injectam saliva tóxica nos tecidos da planta, o que leva ao amarelecimento. Como resultado, as folhas enrolam-se para cima ao longo das margens e têm um aspeto queimado que se estende a toda a área foliar. As plantas afectadas apresentam folhas em forma de taça, crescimento atrofiado e queimadura ou secagem do funil (placas 26 e 27). Os jassídeos também danificam a brinjal, o algodão, a soja e a batata.

Placa 26. Cupping de folhas de quiabeiro devido à infestação de jassídeos

Gestão

- Escolha cultivares tolerantes ou resistentes com folhas peludas, uma vez que o comprimento e a densidade dos tricomas (pêlos) repelem as cigarrinhas.
- Monitorizar os insectos com armadilhas adesivas amarelas (570-580 nm) colocadas aleatoriamente no campo.
- Evitar a utilização de pesticidas de largo espetro para favorecer o desempenho dos inimigos naturais. Os predadores generalistas, como os escaravelhos joaninhas e os crisopídeos, são muito eficientes na predação de ninfas e adultos de cigarrinhas.
- Pulverizar 750 ml de oxidemetão-metilo 25 CE ou 625 ml de dimetoato 30 CE ou 100 ml de imidaclopride 17,5 SL em 500 litros de água por hectare. Na altura da sementeira, pulverizar as sementes com imidaclopride 75 WS ou tiametoxame 30 FS à razão de 5 gramas por quilograma de sementes. Não utilizar continuamente o mesmo composto

ou grupo de pesticidas para evitar o desenvolvimento de resistência dos insectos aos pesticidas.

- Utilizar biopesticidas à base de neem nas doses recomendadas. Se as formulações comerciais de neem não estiverem disponíveis, pode pulverizar-se NSKE 5%.

Placa 27. Infestação de jassídeos

CAPÍTULO 9

Mosca branca

***Bemisia tabaci* (Gennadius)**

(Hemiptera: Aleyrodidae)

A mosca branca está amplamente distribuída nas regiões tropicais e subtropicais e em estufas nas regiões temperadas. *A B. tabaci* é altamente polífaga e sabe-se que se alimenta de vários produtos hortícolas, incluindo quiabo, tomate e beringela, bem como de culturas arvenses e ervas daninhas.

Identificação

Os adultos são alados, têm 1,0-1,5 mm de comprimento e os seus corpos amarelados são ligeiramente polvilhados com pó ceroso branco. Têm dois pares de asas brancas puras e asas posteriores longas e proeminentes.

As asas são mantidas sobre o corpo como uma tenda. Os machos adultos são ligeiramente mais pequenos do que as fêmeas (placa 28). A ninfa de primeiro instar tem antenas, olhos e três pares de patas bem desenvolvidas.

As ninfas são achatadas, de forma ovalada e de cor amarelo-esverdeada (ver figura 29). As pernas e as antenas atrofiam-se durante os três instares seguintes e ficam imóveis durante os restantes estádios ninfais.

A última fase ninfal tem olhos vermelhos. Esta fase é por vezes designada por pupário, embora os insectos desta ordem (Hemiptera) não tenham uma fase de pupa perfeita (metamorfose incompleta).

Placa 28. *Bemisia tabaci* - adultos

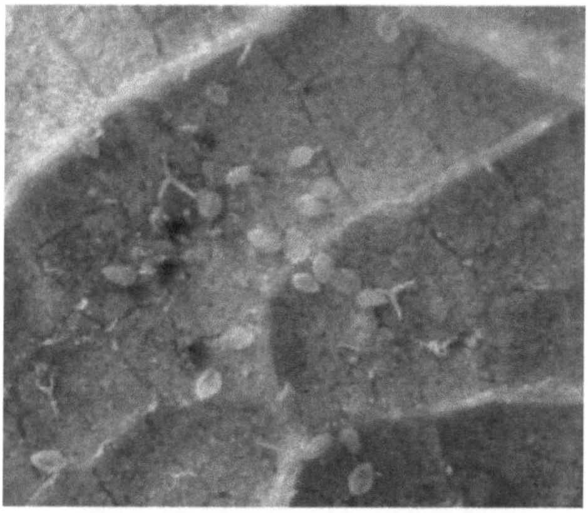

Placa 29. *Bemisia tabaci* - ninfas

História de vida

As fêmeas põem ovos com pedúnculos, isoladamente, na parte inferior das folhas (placa 30), com uma média de 80-110 ovos por fêmea. Os ovos eclodem em 3-5 dias no verão e em 5-33 dias no inverno. As ninfas alimentam-se de seiva celular e desenvolvem-se em três fases para formar as pupas num período de 9-14 dias no verão e de 17-81 dias no inverno. Em 2-8 dias, as pupas transformam-se em moscas brancas. O ciclo de vida total completa-se em 14-100 dias, dependendo das condições climatéricas.

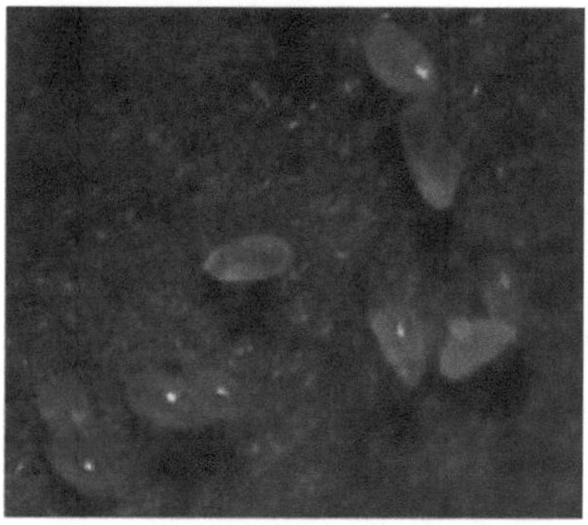

Placa 30. *Bemisia tabaci* - ovos

Danos

As moscas brancas e as ninfas sugam a seiva celular da parte inferior das folhas (placa 31). As folhas afectadas enrolam-se e secam. As plantas afectadas apresentam um crescimento atrofiado. As moscas brancas também são responsáveis pela transmissão do vírus do mosaico das nervuras amarelas (YVMV) (placa 32). Rede entrelaçada de nervuras amarelas rodeada de ilhas de tecidos verdes nas folhas. Mais tarde, as folhas inteiras ficam amarelas. Esta doença, transmitida pela mosca branca, é a mais importante do ponto de vista económico.

Placa 31. Infestação de *Bemisia tabaci* no manejo foliar do quiabeiro

- A mosca branca é um inseto polífago; tem várias plantas hospedeiras para se alimentar e sobreviver, desde culturas cultivadas a ervas daninhas. O campo selecionado para a produção de quiabos deve estar limpo e não estar localizado perto de plantas hospedeiras e ervas daninhas.
- Semeadura de variedades resistentes ao YVMV de origem indiana: Parbhani kranti, Makhmali, Tulsi, Anupama-1, Varsha Uphar, Hisar Unnat,
Arka anamika, Hisar Naveen e Sun-40, etc., especialmente durante a época de colheita da kharif.
- Plantar culturas de crescimento rápido, como o milho, a mapira ou o milho-miúdo, no limite do campo, para atuar como barreiras e reduzir as infestações de mosca branca.
- Utilizar apenas os pesticidas sistémicos recomendados. Não utilizar continuamente o mesmo composto ou grupo de pesticidas para evitar o desenvolvimento de resistência aos pesticidas nos insectos.
- Criar um sistema de controlo da mosca branca.
- Remover periodicamente as plantas afectadas pelo YVMV, caso existam.
- Manter um elevado nível de controlo das ervas daninhas nos campos de cultivo para reduzir a disponibilidade de plantas hospedeiras alternativas para a mosca branca.
- 4-5 pulverizações foliares de imidaclopride 17,5 SL (0,002%) ou dimetoato 30 CE (0,05%) ou oxidemetão-metilo 25 CE (0,02%) com um intervalo de 10 dias controlam eficazmente a população de mosca branca.

Placa 32. Quiabo Doença do mosaico das nervuras amarelas

CAPÍTULO 10

Pulgão

***Aphis gossypii* Glover**

(Hemiptera: Aphididae)

Trata-se de uma praga cosmopolita e altamente polífaga. Alimenta-se preferencialmente de algodão, cucurbitáceas, quiabo, citrinos e beringela.

Identificação

Os adultos são insectos pequenos, amarelados e de corpo mole, que se encontram em colónias nas partes tenras das plantas e na superfície inferior das folhas (placa 33). Os adultos existem tanto nas formas com asas como nas formas sem asas.

Placa 33. ***Aphis gossypii***

História de vida

As fêmeas com e sem asas multiplicam-se partenogeneticamente (desenvolvimento do embrião sem acasalamento com os machos) e viviparamente (dão à luz ninfas diretamente em vez de ovos). Num dia, uma fêmea pode dar à luz 8-20 ninfas. As ninfas mudam quatro vezes para se tornarem adultas em 7-10 dias. Possuem um par de cornichoes de cor preta no lado dorsal do abdómen. Os afídeos encontram-se maioritariamente em grupos.

Danos

Os danos são causados tanto pelas ninfas como pelos adultos, que sugam a seiva das plantas. Uma infestação grave provoca o enrolamento das folhas, um crescimento atrofiado e a secagem gradual e morte das plantas jovens. O bolor negro fuliginoso desenvolve-se no orvalho melífero dos afídeos que cai sobre as folhas. As condições de seca favorecem o rápido aumento da população da praga e as plantas mais jovens são mais susceptíveis do que as mais velhas.

Gestão

- Embora *A. gossypii* seja um inseto polífago, prefere alimentar-se sobretudo de cucurbitáceas e de algodão. Por isso, o campo selecionado para a produção de quiabos deve estar situado longe das cucurbitáceas e do algodão.
- Conservar a população de joaninhas e de crisopídeos, que são predadores muito eficazes dos afídeos. Proteger a população destes predadores, evitando a utilização de pesticidas de largo espetro. A libertação inundativa de joaninhas à razão de 200 pares por hectare, a intervalos quinzenais, pode suprimir a população de afídeos.
- *A. gossypii* pode desenvolver resistência aos pesticidas. Utilizar apenas os pesticidas recomendados. Não utilizar continuamente o mesmo composto ou grupo de pesticidas para evitar o desenvolvimento de resistência aos pesticidas nos insectos.
- As medidas de controlo químico são as mesmas que no caso da cigarrinha.
- Para monitorizar as populações de pragas, instalar armadilhas adesivas amarelas no campo.

CAPÍTULO 11

Cochonilha de Solenopsis

***Phenacoccus solenopsis* Tinsley** (Hemiptera: Pseudococcidae)

Identificação

A cochonilha fêmea tem forma oval, 3-4 mm de tamanho, não tem asas e está coberta de cera branca hidrofóbica (repelente de água). O tórax e o abdómen apresentam manchas escuras, que se apresentam como linhas longitudinais escuras.

As fêmeas maduras são frequentemente encontradas com bolsas cerosas, chamadas ovisacos, que contêm ovos.

O macho adulto mede cerca de 1 mm de comprimento, tem o corpo cinzento e um único par de asas transparentes. Da extremidade do abdómen saem dois filamentos de cera branca. O macho adulto não possui peças bucais para se alimentar e não causa danos.

História de vida

A fêmea põe 300-700 ovos, geralmente num ovisaco por baixo do seu corpo. Os ovos eclodem em poucos minutos a 2 dias. As ninfas recém-emergidas (rastejantes) rastejam para fora e começam a alimentar-se de partes tenras das plantas. A cochonilha fêmea passa por três instares ninfais em 12-17 dias.

O cochonilha macho passa por quatro instares ninfais em 14-18 dias. A longevidade da fêmea adulta é mais longa (14-19 dias) do que a do macho, que é mais curta (1-3 dias). O ciclo de vida total da fêmea completa-se em 25-38 dias e o do macho em 17-24 dias.

Danos

Tanto as ninfas como os adultos sugam a seiva das folhas, dos botões florais, dos pecíolos, dos ramos, dos frutos e mesmo do caule das plantas (placa 34). O inseto suga fortemente a seiva da planta, tornando-a fraca, débil e desidratada.

Em casos graves, o bolor fuliginoso desenvolve-se na melada produzida pelas cochonilhas.

O bolor fuliginoso reduz a capacidade fotossintética das plantas. Os frutos infestados com cochonilhas reduzem a sua comercialização.

Placa 34. Frutos de quiabo infestados com cochonilha, *Phenacoccus solenopsis* Manejo

- Em caso de infestação grave, pulverizar profenofos 50 CE à taxa de 1,25 litros ou quinalfos 25 CE 2,0 litros ou tiodicarbe 75 WP 625 g em 500 litros de água por hectare.
- Para evitar a propagação da cochonilha, remover regularmente as ervas daninhas que crescem junto às bermas das estradas, caminhos, canais de água e terrenos baldios.
- O parasitoide himenóptero, *Aenasius bambawalei*, é muito eficaz contra a cochonilha, tendo-se registado, em certas áreas, uma parasitagem de 70-80 por cento (ver a placa 35). Evitar a pulverização de insecticidas se se observarem múmias de cochonilhas parasitadas (ver a figura 36).
- Evitar a estacaria dos caules de algodão perto dos campos. Os caules arrancados devem ser queimados *in situ* antes de se lavrar o campo, a fim de evitar a propagação da praga.
- Conservação de importantes predadores: escaravelhos coccinelídeos, crisopídeos e *Spalgis epius* de cochonilhas.

Placa 35. Parasitoide da cochonilha, *Aenasius bambawalei*

Placa 36. Cochonilhas mumificadas

CAPÍTULO 12

Inseto do algodão escuro

***Oxycarenus hyalinipennis* Costa**

(Hemiptera: Lygaeidae)

Este inseto encontra-se em todas as regiões produtoras de algodão da Índia.

Identificação

Os ovos têm forma de charuto e são esbranquiçados imediatamente após a oviposição. Tornam-se pálidos e depois cor-de-rosa antes de eclodirem. A ninfa de instar inicial tem cerca de 2,5 mm de comprimento e o seu rostro estende-se ao abdómen. A sua cor é alaranjada quando estão prestes a mudar de penas. Após a primeira muda, as ninfas tornam-se castanho-avermelhadas e depois mais escuras após cada muda. Os adultos têm 4-5 mm de comprimento e cabeça pontiaguda, são castanhos escuros, com asas transparentes brancas sujas e manchas pretas nas asas anteriores, e têm patas vermelho-escuras.

História de vida

Os ovos, em forma de charuto, são postos na primavera em quiabos. Inicialmente, são esbranquiçados, tornando-se pálidos e, por fim, cor-de-rosa claro antes de eclodirem. Os ovos são postos em grupos de 3-18. A fase de ovo dura 5-10 dias e as ninfas, ao emergirem, passam por 7 fases, completando o desenvolvimento em 31-40 dias. O ciclo de vida dura 36-50 dias e várias gerações são completadas num ano.

Danos

Tanto as ninfas como os adultos sugam a seiva das flores, folhas e frutos (placa 37). As folhas e os frutos do quiabeiro infestados podem enrolar-se. As ninfas e os adultos também sugam a seiva de forma gregária de sementes imaturas que não amadurecem, permanecendo leves (Prato 38).

Gestão

- O mesmo que no caso dos jassídeos.

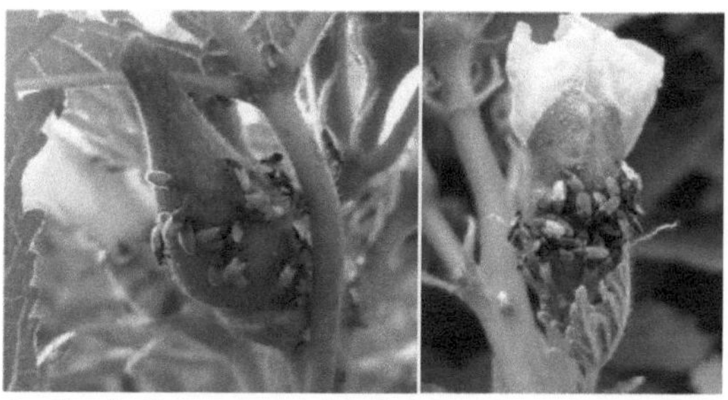

Placa 37. Infestação *de Oxycarenus hyalinipennis* em frutos e flores de quiabo

Placa 38. *Oxycarenus hyalinipennis,* infestação de ninfas em sementes de quiabo

CAPÍTULO 13

Inseto do algodão vermelho

Dysdercus koenigii **(Fabricius)**

(Hemiptera: Pyrrhocoridae)

Este inseto está amplamente distribuído na Índia.

Identificação

Os ovos são postos no solo húmido ou em fendas no solo. São esféricos e de cor amarela brilhante. As ninfas são de cor vermelha com manchas dorsais medianas pretas na membrana inter-targal dos 3/4, 4/5 e 5/6 segmentos abdominais (placa 39). Existe um par de manchas dorsais brancas em cada uma das terceira, quarta e quinta placas targais do abdómen. Os adultos medem 12-13 mm de comprimento e têm as patas e as antenas de um vermelho intenso. A parte membranosa das asas anteriores e os olhos são de cor preta. Existe também uma mancha negra em cada asa anterior (placa 40). As faixas transversais ao longo das margens posteriores de cada esterno torácico e abdominal, o colar atrás da cabeça e as manchas na base da cabeça são de cor branca.

História de vida

Os ovos são postos em grupos de 80-100 em fendas no solo ou em folhas secas perto das plantas. As ninfas eclodem em cerca de 7-8 dias e as ninfas jovens têm o abdómen flácido, mas à medida que crescem, tornam-se mais esguias e desenvolvem marcas negras no corpo. Existem 5 estádios ninfais e o desenvolvimento completa-se em 49-89 dias.

Danos

Tanto as ninfas como os adultos sugam a seiva das folhas e dos frutos. As plantas tornam-se fracas e atrofiadas, as folhas e os frutos não se desenvolvem completamente.

Gestão

- O mesmo que no caso dos jassídeos.

Placa 39. ***Dysdercus koenigii*** **- ninfas**

Placa 40. *Dysdercus koenigii* - adultos

CAPÍTULO 14

Ácaro vermelho

Tetranychus urticae Koch

(Acarina: Tetranychidae)

O ácaro vermelho surgiu como uma praga grave de culturas hortícolas, incluindo beringela, tomate, feijão francês e pepino, e outras culturas de campo no Sul da Ásia, Sudeste Asiático, África, Europa e países mediterrânicos.

Identificação

Têm um tamanho diminuto e uma coloração variável (verde, amarelo-esverdeado, castanho ou vermelho-alaranjado) com duas manchas escuras no corpo (placa 41).

História de vida

Os ovos são redondos, brancos ou de cor creme; o período de oviposição é de dois a quatro dias. Após a eclosão, passa por uma fase larvar e duas fases ninfais (protoninfa e deutoninfa) antes de se tornar adulta. O ciclo de vida completa-se em uma a duas semanas. Há várias gerações que se sobrepõem num ano. O adulto vive até três ou quatro semanas.

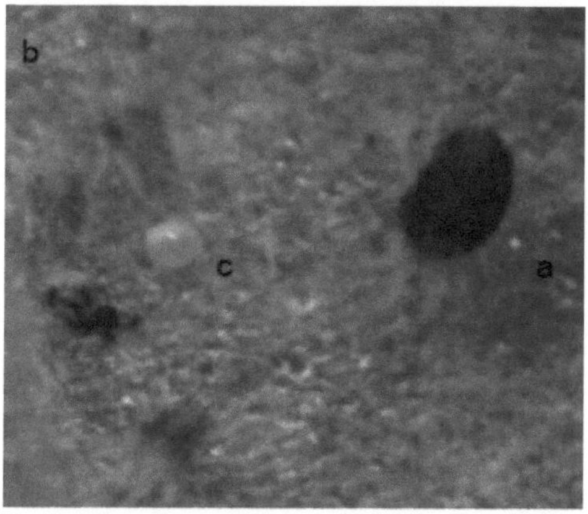

Placa 41. *Tetranychus urticae* - a) adulto; b) ninfas; c) ovo

Danos

A infestação de ácaros observa-se sobretudo durante os períodos quentes e secos da estação. As ninfas e os adultos sugam a seiva celular e aparecem manchas cinzentas esbranquiçadas nas folhas (placa 42). As folhas afectadas ficam manchadas, tornam-se castanhas e caem (placa 43). Em caso de infestação grave, a copa superior da planta fica coberta por teias de ácaros (placa 44). As plantas infestadas de ácaros podem ser identificadas à distância pelo sintoma caraterístico de mosqueado produzido na superfície superior da folha. Sob densidades populacionais elevadas, os ácaros deslocam-se para a ponta da folha ou para o topo da planta e reúnem-se utilizando fios de seda para formar uma massa semelhante a uma bola, que será soprada pelos ventos para novas folhas ou plantas, num processo conhecido como "balonismo" (placa 45).

Placa 42. Infestação *de Tetranychus urticae* numa folha de quiabeiro

Placa 43. Manchas nas folhas de quiabeiro devido à infestação de ácaros

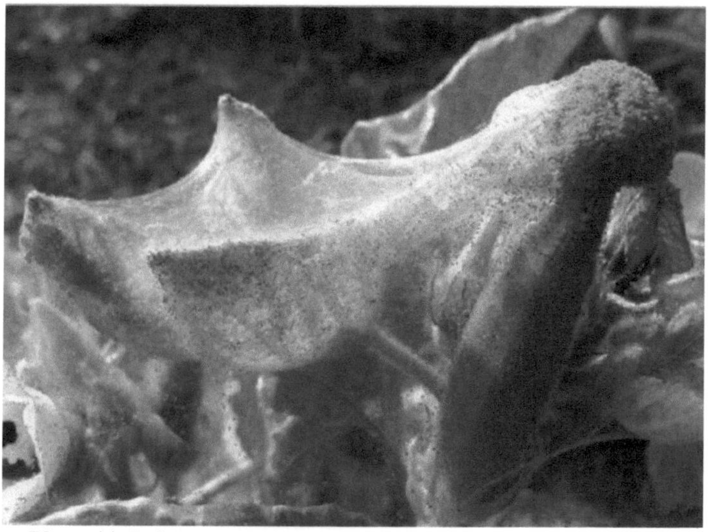

Placa 44. Infestação grave de *Tetranychus urticae* em quiabos

Placa 45. Balonismo de *Tetranychus urticae*

Gestão

- Os ácaros predadores, como *Phytoseiulus persimilis* e várias espécies de *Amblyseius,* especialmente *A. longispinosus, A. industani* e *A. alstoniae*, podem ser utilizados para controlar os ácaros. São mais eficazes sob estruturas de proteção.
- A pulverização com enxofre molhável 80 WP (2 g/litro de água) ou dicofol 18,5 EC (2,5 ml/litro de água) ou espiromesifeno 22,9 SC (1 ml/litro de água) controla eficazmente os ácaros.

- Os insectos que se alimentam vorazmente de ácaros são o *Stethorus pauperculus,* os escaravelhos coccinelídeos que não conseguem sobreviver sem ácaros; *o Scolothrips indicus* e o *Chrysopa* sp. também se alimentam de ácaros.

CAPÍTULO 15

Mosca do caule do quiabo

***Melanagromyza hibisci* (Malloch)**

(Diptera: Agromyzidae)

Identificação

Trata-se de uma pequena mosca negra metalizada, cujas minúsculas larvas perfuram o caule das plantas jovens e os rebentos laterais das plantas adultas, provocando a murchidão das plantas ou dos ramos.

História de vida

A mosca fêmea adulta introduz os seus ovos minúsculos na casca de uma vagem tenra. Os ovos eclodem em 2 a 4 dias. As larvas penetram no caule das plantas jovens. Em 5-10 dias, as plantas estão completamente desenvolvidas. A pupação tem lugar no interior do caule e o período de pupa dura 4-13 dias. O ciclo de vida completa-se em 11-27 dias e são produzidas várias gerações num ano.

Danos

As larvas da mosca perfuram o caule das plantas jovens (plantas com 15-30 dias) e os rebentos laterais das plantas adultas e provocam a murchidão das plantas ou dos ramos.

Gestão

- A aplicação de Carbofuran 3 G ou Phorate 10 CG à razão de 1 quilograma de ingredientes activos por hectare protege o caule principal do ataque da praga durante a fase de plântula.

CAPÍTULO 16

Doença do mosaico das nervuras amarelas transmitida pela mosca branca, *Bemisia tabaci*

A doença do mosaico das nervuras amarelas do quiabeiro é causada pelo vírus do mosaico das nervuras amarelas transmitido pela mosca branca, *Bemisia tabaci.* O mosaico amarelo das nervuras do quiabeiro foi registado pela primeira vez em plantas de quiabeiro em 1924, na Índia e no Sri Lanka. Os sintomas incluem manchas verdes e amarelas alternadas, clareamento das nervuras e clorose das nervuras das folhas (placa 46). A rede amarela das nervuras é muito visível, e as nervuras e os veios estão espessados. Em casos graves, a clorose pode estender-se à zona interveinal e pode resultar no amarelecimento completo das folhas. Os frutos são ananicados, malformados e verde-amarelados. A mosca branca *Bemisia tabaci* (Genn.) é o inseto vetor. O vetor da mosca branca reproduz-se em números significativos durante o verão, quando transmite o vírus entre plantas de quiabeiro. O agente causal é o vírus do mosaico da veia amarela do quiabeiro (YVMV), de ADN de cadeia simples, que está associado ao satélite beta, sendo ambos necessários para a infeção. O YVMV pertence ao género *Begomovirus,* família *Geminiviridae.*

Gestão

- Remover periodicamente as plantas afectadas pelo YVMV, caso existam.
- Semeadura de cultivares resistentes ao YVMV, *como* parbhani kranti, makhmali, tulsi, Anupama-1, Varsha Uphar, Hisar Unnat, Arka anamika, Hisar Naveen e Sun-40, etc., especialmente durante a época de colheita da safra.
- Pulverizar os insecticidas recomendados para a gestão da mosca branca.

Placa 46. Doença do mosaico das nervuras amarelas do quiabeiro

CAPÍTULO 17

Nemátodo das galhas

Meloidogyne incognita

O nemátodo das galhas entra nas raízes, causando os caraterísticos nós ou galhas radiculares. Os sintomas aéreos consistem principalmente no atraso do crescimento das plantas e no amarelecimento das folhas. O ataque do nemátodo na fase de plântula leva a danos pré e pós-emergência que resultam numa redução do estande da cultura.

Gestão

- Recomenda-se o recurso a métodos de controlo cultural, como a rotação com culturas não hospedeiras, como os cereais, o pousio e a lavoura profunda 2 a 3 vezes nos meses de verão. Recomenda-se a aplicação de Nemagon (30 litros/ha) com irrigação antes da sementeira, para proteger as plântulas na sua fase inicial de crescimento.

CAPÍTULO 18

Práticas de gestão integrada das pragas de insectos do quiabeiro

Definição de Gestão Integrada das Pragas (GIP)

O Manejo Integrado de Pragas (MIP) significa a consideração cuidadosa de todas as técnicas disponíveis de controle de pragas e a subsequente integração de medidas apropriadas que desencorajam o desenvolvimento de populações de pragas e mantêm os pesticidas e outras intervenções em níveis economicamente justificados e reduzem ou minimizam os riscos para a saúde humana e o meio ambiente. O MIP enfatiza o crescimento de uma cultura saudável com a menor perturbação possível dos agro-ecossistemas e incentiva os mecanismos naturais de controlo de pragas (FAO, 2015).

Controlo cultural

1. Evitar as monoculturas de quiabos e efetuar rotações de culturas.
2. Evitar plantar quiabos perto de campos de algodão, uma vez que ambos pertencem à família Malvaceae.
3. Remover regularmente as ervas daninhas que crescem junto às bermas das estradas, caminhos, canais de água e terrenos baldios perto dos campos de quiabos para reduzir a disponibilidade de plantas hospedeiras alternativas para algumas das principais pragas de insectos.
4. Cultivar milho/sorgo nas bordaduras, como barreira para impedir a entrada de pragas sugadoras, assim como de adultos da broca dos rebentos e dos frutos (Placa 47).

Resistência da planta hospedeira

1. Semeadura de cultivares resistentes ao YVMV, nomeadamente Parbhani kranti, Makhmali, Tulsi, Anupama-1, Varsha Uphar, Hisar Unnat, Arka anamika, Hisar Naveen e Sun-40, etc., especialmente durante a época de colheita da quaresma. As variedades de origem indiana resistentes à broca dos frutos e dos rebentos são AE 57, PMS 8, Parkins long green, Karnual special e PKX 9275.

Controlo mecânico

2. Remover e destruir, periodicamente, os rebentos e os frutos afectados pela broca. Isto será altamente eficaz se for praticado em toda a comunidade.
3. As plantas afectadas pelo vírus do mosaico das nervuras amarelas devem ser removidas.

Controlo comportamental

1. Para controlar as populações de insectos, utilizar armadilhas adesivas amarelas para atrair a mosca branca e as cigarrinhas (placa 48).
2. Instalar armadilhas com feromonas à razão de 15 armadilhas por hectare para monitorizar a emergência da traça *Earias vittella* (placa 49). Substituir as iscas a cada 30-40 dias.

Controlo biológico

1. Libertar o parasitoide de ovos *Trichogramma chilonis* à taxa de 1-1,5 lakh por hectare, a partir de 30-35 dias após a sementeira, 4-5 vezes com um intervalo semanal para a broca do rebento e do fruto.
2. Construção de poleiros de aves à razão de 10 por acre no campo para facilitar a predação das aves.
3. Utilizar biopesticidas à base de neem, que não interferem com as actividades dos predadores e parasitóides nos sistemas de produção de quiabeiro.
4. Conservar os inimigos naturais, evitando a utilização de pesticidas de largo espetro (placas 50-55).

Controlo químico

1. Não pulverizar pesticidas de largo espetro contra as pragas sugadoras do início da estação. Isto pode perturbar o complexo de inimigos naturais no ecossistema e levar a um ressurgimento de pragas sugadoras. Se necessário, utilizar os pesticidas sistémicos recomendados de acordo com a região. Não utilizar continuamente o mesmo composto ou grupo de pesticidas para reduzir o desenvolvimento de resistência dos insectos aos pesticidas.
2. Tratamento de sementes com imidaclopride 70 WS ou tiametoxame 30 FS à razão de 5 gramas por quilograma de sementes.
3. Aplicação, com base nas necessidades, de pesticidas químicos, nomeadamente imidaclopride 17.8 SL à taxa de 150 ml por hectare, cipermetrina 25 CE à taxa de 200 gramas de ingredientes activos por hectare (0,005%), quinalfos 25 CE à taxa de 0,05% ou propargite 57 CE à taxa de 0,1% para controlo de cigarrinhas, moscas brancas, brocas e ácaros.
4. A broca do rebento e do fruto, *Earias vittella*, se cruzar a ETL (5 % de infestação), pulverizar cipermetrina 25 EC à taxa de 200 gramas de ingredientes activos por hectare

ou spinosad 45 SC à taxa de 0,3 mililitros por litro ou benzoato de emamectina 25 WG à taxa de 0,4 gramas por litro é eficaz contra ela.

Placa 47. Sorgo cultivado como bordadura em quiabos

Placa 48. Armadilha adesiva amarela

Placa 49. Armadilha de feromonas

Placa 50. Diferentes espécies de aranhas alimentando-se de jassídeos

Placa 51. Inseto predador que se alimenta de *Spodoptera litura*

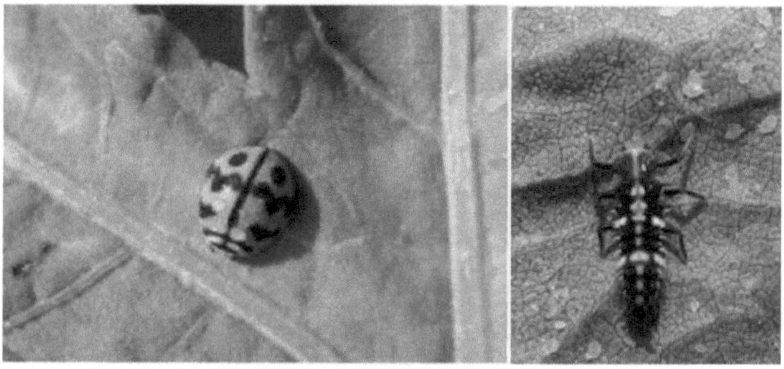

Placa 52. *Cheilomenes sexmaculata* - adulto e larva

Placa 53. *Coccinella septempunctata* - adulto

Placa 54. *Chrysoperla zastrowi sillemi* - adulto e larva

Placa 55. *Brumoides suturalis* - adulto e larva

CAPÍTULO 19

Referências

Anónimo. (2013) *www.indiastat.com*

Anónimo. (2012) *www.nhb.gov.in*

Anwar, F., Rashid, U., Ashraf, M. e Nadeem, M. (2010) Okra *(Hibiscus esculentus)* seed oil for biodiesel production. *Applied Energy,* **87(3),** 779-785.

Benchasri, S. (2012). Quiabo *(Abelmoschus esculentus* (L.) Moench) como um vegetal valioso do mundo. *Ratar. Povrt, 49,* 105-112.

Chaudhary, H. R. e Dadeech (1989) Incidência de insectos que atacam o quiabeiro e as perdas disponíveis por eles causadas. *Annals of Arid Zone,* **28,** 305-307.

David, B.V. e Ramamurthy, V.V. (2011). Elements of economic entomology, publicações Namrutha, Chennai (Índia).

Dhandapani, N., Shelkar, U. R., e Murugan, M. (2003). Gestão bio-intensiva de pragas (BIPM) nas principais culturas hortícolas: uma perspetiva indiana. *Journal of Food, Agriculture and Environment,* 7(2), 330-339.

Dhankhar, B. S., e Singh, R. (Eds.). (2009). *Manual do Quiabo: Global Production, Processing, and Crop Improvement.* Publicação HNB.

Kanwar, N. and Ameta, O.P. (2007) Assessment of losses caused by insect pests of okra. *Pestology,* 31(5), 45-47.

Krishnaiah, K. (1980) Methodology for assessing crop losses due to pests of vegetable. Assessment of crop losses due to pests and diseases (Avaliação das perdas de culturas devido a pragas e doenças). Proc, of Workshop held from Sept, 19-30, 1977 at U.A.S., Bangalore, pp. 259-267.

Kumaran , N., Douressamy, S. e Ramaraju, K. (2007) Bioeficácia de produtos botânicos contra dois ácaros, *Tetranychus urticae* (Acari: Tetranychidae), que infestam quiabos *(Abelmoschus esculentus* L.). *Pestology,* **31,** 43-49.

Mandal, S. K., Sah, S. B., e Gupta, S. C. (2007). Gestão de pragas de insectos no quiabeiro com biopesticidas e produtos químicos. *Annals of Plant Protection Sciences,!5(1),* 87-91.

Mandal, S. K., Sattar, A., Sah, S. B. and Gupta, S. C. (2006) Prediction of okra shoot and fruit borer *(Earias vittella* Fab.) incidence using weather variables at Pusa, Bihar. *International Journal of Agricultural Sciences,* 2(2), 467-469.

Pareek, B. L. and Bharghava, M. C. (2003) Estimation of avoidable losses in vegetable crops by borers under semi arid conditions of Rajasthan. *Insect Environment,* **9,** 59-60.

Praveen, P. M., e Dhandapani, N. (2001). Gestão ecológica das principais pragas do quiabeiro *(Abelmoschus esculentus* (L.) Moench). *Journal of vegetable crop production,* 7(2), 3-12.

Rao, S. e Rajendran, R. (2003) Potencial de ação conjunta do neem e de outros extractos de plantas contra o fungo *Amrasca devastans* (Distant) no quiabeiro. *Pest Management and Economic Zoology,* **10,** 131-136.

Rawat, R. R. e Sahu H. R. (1973) Estimation of losses in growth and yield of okra due to *Empoasca devastans* (dist) and *Earias* spp. *Indian Journal of Entomology,* **35,** 252-254.

Sarkar, P.K., Mukherjee, A. B. e Ghosh, J. (1996) Assessment of loss of bhendi against red spider mite. *Environment and Ecology,* **14,** 480481.

Shanower, T. G., Lal, S. S., e Bhagwat, V. R. (1998). Biologia e gestão de *Melanagromyza obtusa* (Malloch) (Diptera: Agromyzidae). *Crop Protection, 17(3),* 249-263.

Sharma,S. S., Kalra, V.K., Dhankar, B.S. and Kaushik, H. D. (2001) Assessment of yield losses caused by leafhopper, *Amrasca biguttula biguttula* (Ishida) on different varieties/cultivars of okra. Haryana *Journal of Horticultural Sciences,* **30,** 128-130.

Singh, S. J. (1990). Etiology and epidemiology of whitefly-transmitted virus diseases of okra in India. *Plant Disease Research,* 5(1), 64-70.

Sinha, S. R., e Sharma, R. K. (2007). Eficácia dos neonicotinóides contra as pragas de insectos do quiabeiro. *Pesticide Research Journal, 19(1),* 42-44.

Srinivasan, K., e Krishnakumar, N. K. (1983). Estudos sobre a extensão das perdas e a economia da gestão de pragas no quiabeiro. *International Journal of Pest Management, 29(4),* 363-370.

Srivastava, K.P. e Dhaliwal, G.S. (2014). A text book of applied entomology (Vol-2), Kalyani publishers, Ludhiana (Índia).

Sugeetha, S. and Srinivasa, N. (1999) Seasonal abundance of red spider mite, *Tetranychus macfarlanei* on okra varieties in Bangalore. *Journal of Acarology,* **15** (1&2), 10-14.

MIX
Papier aus verantwortungsvollen Quellen
Paper from responsible sources
FSC® C105338

Printed by Books on Demand GmbH, Norderstedt / Germany